AF343895

SUR
LA FORMATION
DES
JARDINS;

PAR L'AUTEUR DES CONSIDÉRATIONS
SUR LE JARDINAGE.

Nous avons du plaisir lorsque nous voyons un Jardin bien régulier, & nous en avons encore lorsque nous voyons un lieu brut & champêtre.

MONTESQUIEU, *sur le Gout.*

Prix, 1 liv. 4 sous.

A PARIS,

Chez PISSOT, Libraire, Quai des Augustins, près la rue Gilles Lecœur.

1779.

34733

AVIS.

LA Formation des Jardins est
devenue un objet également in-
téressant aux Artistes & aux Lit-
térateurs.

Il existe entre les Partisans des
anciens Jardins du Genre régulier, & ceux des nouveaux Jardins du Genre libre, un différent, dont se rendent juges tous
ceux qui prétendent au bon

goût. Il a déja paru quelques
écrits sur cette matière ; on sait
que plusieurs Ecrivains de mérite
se proposent de la traiter , tant en
Prose qu'en Vers ; c'est ce qui
détermine à présenter promptement au Public les Considérations suivantes , qu'on peut regarder comme élémentaires , &
comme une introduction nécef-
saire à la lecture des autres Ouvrages sur la Formation des Jardins.

C'est dans cette même vue ,
& pour se conformer au desir
de plusieurs Amateurs , qui ont
eu communication du Manuscrit ,

qu'on a pris un format différent de celui des *Confidérations fur le Jardinage*, qui ont été publiées *in*-24. en 1772, 1773 & 1774, à la fuite du *Jardinier Prévoyant*.

Ces deux Ecrits fe complettent réciproquement, l'Auteur ayant eu pour objet dans le premier de traiter de la Culture & de fes effets, n'avoit dit que deux mots, en paffant, de la Formation & de la Diftribution des Jardins, qui fe trouve traitée dans celui-ci.

On pourra donner dans le même

format une feconde Edition aug-
mentée & corrigée des Confidérations fur le Jardinage , fi le Public paroît le defirer.

SUR

SUR

LA FORMATION

DES JARDINS.

I. Choisir un site gracieux pour y établir son domicile; disposer, non-seulement avec commodité mais encore agréablement, les choses nécessaires à la vie ; enrichir enfin son voisinage d'objets de pur agrément, pour y former des points de promenade , des points de repos & des points de vue: tels furent dès l'origine les effets nécessaires du bon goût que l'homme aisé porte sur tout ce qui l'environne;

A

la satisfaction du plaisir des yeux devenant un besoin pour celui qui a du loisir & qui jouit abondamment des nécessités de la vie. Telles sont encore aujourd'hui les trois branches qui composent l'Art de la Formation des Villes & des Palais, des Jardins & des Parcs; cet art si vaste & si profond, qui par l'étendue des lieux où il s'exerce, n'a d'autres limites que celles de l'organe même de la vue ; & qui par la diversité des matériaux qu'il emploie embrasse la Nature entiere. Cet art cependant s'est trouvé comme les autres sujet aux vicissitudes de la mode.

Il semble que pendant un tems, jaloux de la puissance qui lui a été accordée sur la Nature , l'Homme ait craint de lui laisser la moindre apparence de liberté : on paroît aujourd'hui, en préférant les beautés naturelles , proscrire à l'Art tout ce qu'il pourroit faire de régulier. Est-il un de ces deux sentimens qui mérite la préférence à l'exclusion de l'autre? ou seroit-il un moyen de les concilier? C'est ce qu'on a dessein d'examiner ici.

Distinction des deux Genres, le Naturel & le Régulier.

II. La Nature a des droits fort étendus sur tout ce que l'Art entreprend : lors même qu'il semble la gêner, ce n'est qu'en l'imitant qu'il peut réussir à plaire. Cependant cette imitation se réduit quelquefois à des principes si généraux, à des spéculations si vagues, que dans la pratique il faut convenir que l'Art suit une marche très-opposée & comme contradictoire à celle de la Nature.

S'agit-il d'une retraite, dans laquelle l'homme puisse trouver l'abri contre les intempéries, & la sûreté contre les bêtes farouches, se rassembler même par grandes troupes pour délibérer sur le bien commun, ou pour honorer l'Etre-suprême? la Nature offre des Cavernes & des Grottes; l'Art éleve des Basiliques & des Temples. Le contraste & la riche variété des formes fait la beauté de ces édifices naturels; mais ce qui ravit d'admiration dans la belle Architecture, c'est la régularité & la noble simplicité de l'ensemble.

En cela l'Imitation se réduit donc à égaler, s'il est possible, par une construction hardie la légereté & en quelque sorte l'immensité de ces grottes souterraines que l'œil ne considere qu'avec effroi; mais l'Art ne cherche point à en imposer. Il ne tente point de faire regarder comme des ouvrages de la Nature les coupes savantes & les proportions gracieuses qu'il a puisées avec goût dans la Géométrie. Loin de se cacher, il se plaît à se faire admirer dans les détails, comme dans l'Ordonnance générale : une seule pierre laissée dans sa grossiereté depareroit tout l'édifice ; tandis que les sculptures & les enrichissemens de marbres bien étoffés, de métaux distribués avec sagesse & travaillés avec soin, captivent l'attention du spectateur & complettent sur lui l'enchantement.

III. Mais il n'est ici question que d'un objet simple : si grande qu'en soit l'étendue, l'œil du spectateur l'embrasse aisément en entier, en quelque point qu'il se trouve placé. Il supplée par réminiscence ce qu'il ne peut plus appercevoir ; ou s'il cherche à le retrouver, la perspective qui varie à chaque pas qu'il fait, lui offre cent tableaux pour un.

C'est ainsi que la Régularité peut nous plaire : & si ces observations sont vraies dans la construction des édifices, pourroient-elles ne le pas être dans la Formation des Jardins, desti-

nés à correspondre, par leur plan général, à tous les points d'un Palais ou
d'une Maison de plaisance, & à procurer dans les promenades de ceux
qui l'habitent, une abondante richesse
d'objets de détails & de surprises amu-
santes.

Peinture de la terre brute.

IV. La suite de cette comparaison
nous fera reconnoître dans la disposition de tout ce qui peut entrer dans
un paysage la distinction des deux gen-
res, l'un Libre ou naturel, l'autre Régulier. Quelqu'entremêlées qu'en soient
les productions, elles ne peuvent jamais
se confondre.

V. La Nature livrée à elle-même,
comme en plusieurs contrées de l'Amérique, nous offre des Montagnes tantôt
suspendues par des Rochers dépouillés,
dont le pied forme des précipices; des
Lacs & des Rivieres, dont les unes

toujours débordées inondent les terres baffes où elles coulent avec lenteur, & dont les autres font des Torrens rapides, qui roulent avec fracas des flots impurs, & qui fouvent après avoir franchi dans leurs Saults des hauteurs énormes, fe perdent tout-à-coup dans un Marécage. Des Forêts immenfes occupent la plus grande partie des bonnes terres : le refte n'eft guere compofé que de plages arides, excepté quelques *Savanes* ou Prairies naturelles, hériffées de brouffailles, & encore plus impraticables par la crainte d'y trouver des Reptiles dangereux, ou des Infectes vénimeux également redoutés par leur nombre.

Un filence effrayant, que les cris feuls de quelques animaux farouches interrompent, achève de répandre l'horreur dans ces lieux déferts, dont la nouveauté feule peut captiver quelques inftans le Voyageur animé par le defir d'obferver des pays inconnus. Auffi dans ce tableau ne voyons-nous que la Nature délaiffée : fon plus bel ornement lui manque ; il n'y paroît point de traces d'homme.

Peinture de la terre cultivée.

VI. Mais lorfque dans fes travaux l'Homme n'eft guidé que par les Vues économiques de la bonne culture, il laiffe encore à la terre une tournure qu'on peut appeller Naturelle, par oppofition avec la parure étudiée de nos Jardins, & c'eft en cet état que la Campagne nous plaît.

On aime à y voir à chaque pas le fruit de l'Induftrie humaine. Ici un Ruiffeau refferré dans un lit fuffifant pour y faire couler doucement une eau limpide, traverfant fuivant les ondulations que produifent les pentes du terrain, des Prairies tantôt émaillées de fleurs prêtes à tomber fous la faux, tantôt animées par le riant spectacle des bestiaux qui y recueillent le lait pour notre usage. Là , un côteau graveleux chargé de Seps , dont l'espoir d'une heureuse Vendange rend la vue délicieuse. Ailleurs de vastes Plaines auxquelles la charrue a presque donné le niveau d'une mer , & dont l'aspect passé progressivement par les couleurs de la Terre en jachere , labourée , hersée ; puis de l'Herbe naissante ; s'émaille passagerement par les fleurs de ces plantes volontaires , qui malgré la vigilance du Cultivateur se glissent parmi le bon grain ; & prend ensuite peu-à-peu cette couleur blonde de maturité , tant chantée par les Poëtes , & si digne par l'abondance que va répandre la Moisson qu'elle prépare , de verser dans tous les cœurs la joie la plus pure & la plus solide.

Des Sentiers , qui coupent en différens sens les champs & les prés , décèlent le besoin qu'ils ont de la main de l'homme ; & les chemins rouliers qui les entourent, annoncent que les Récoltes en sont voiturées par les Animaux qu'il s'est rendu domestiques, pour distribuer en tous lieux les subsistances. Avec quel plaisir n'y voit-on pas des Demeures rustiques, dont l'extérieur simple répond à la vie de ceux qui l'habitent.

Les Bois mêmes acquièrent, par la fréquentation de l'homme, un air moins farouche & moins effrayant. Les Arbres fruitiers rassemblés dans les lieux qui leur sont favorables, & glorieux des soins qui leur sont prodigués, se chargent de Fruits dont l'abondance & la beauté semblent se disputer : tout dans la Nature sourit à la vue de son Maître, qui jouit délicieusement des beautés qu'elle acquiert sous ses loix.

Mérite de l'Uniformité.

VII. Devons-nous croire cependant

que la prévoyance du profit que nous
doit apporter la Culture, soit l'unique
source du plaisir que nous trouvons
dans le Spectacle de la campagne cultivée ? N'en trouveroit-on pas une se-
conde dans l'impression que fait sur
tous les yeux une Uniformité impo-
sante, signe du Pouvoir absolu de celui qui réussit à l'établir. C'est l'Uniformité qui constitue la beauté de presque tous les objets bornés. C'est elle
qui nous plaît dans l'ordre de bataille
d'une Armée, comme dans l'ordonnance d'une Illumination. C'est donc
aussi de l'uniformité que procède l'aspect agréable des diverses Cultures ;
tandis que leur mélange remédie au
dégoût que pourroit amener le défaut
de variété.

VIII. Mais dans le Genre champêtre, cette uniformité cède à chaque
pas aux inégalités du terrain, & à la
variété du sol ; & dans tous les lieux

que l'Homme abandonne quelques ins-
tans, la Nature reprend ses droits. Elle
produit des plantes aquatiques au bord
des Ruisseaux, dont il a dirigé le cours:
s'il émonde les Aunes, s'il étête les
Saules & les Peupliers ; elle les fait
repousser aussi inégalement qu'elle les
avoit fait croître.

Une partie des Forêts est encore son
ouvrage ; & dans les Bois semés de
main d'homme, le laps du tems qui
efface toute trace de culture, les Clairie-
res formées par la mort de tous les individus foibles, & les Accrues naturelles qui
se font au-dehors, lui rendent presque entierement son empire sur cette portion
de nos Domaines.

Elle couvre nos Jacheres & les Li-
sieres de nos chemins de Plantes, dont
elle seule conserve l'espèce , souvent
même malgré nous.

Enfin les Pentes des terres, quoiqu'a-
doucies par l'effet successif d'une sur-

veillance affidue dans des Labours ac-
cumulés, confervent encore leurs di-
rections primordiales. Des Ravins tortueux, que l'écoulement des eaux forme dans les defcentes plus roides, les
entrecoupent bifarrement. Les Chemins même, quoique tracés par l'Homme pour fes befoins, femblent l'effet
du hazard, par les détours que leur
caufent l'inégalité des lieux qu'ils parcourent.

IX. L'Art & la Nature font donc
fans ceffe aux prifes dans la diftribution & dans l'emploi du terrain des
Campagnes ; & ce n'eft pas fans plai-
fir que nous les voyons fe le difputer.
Mais l'Ordonnance générale eft dans
les mains de la Nature, puifque même
dans les établiffemens qui femblent dûs
à la volonté de l'Homme, c'eft elle qui,
par les avantages & les défavantages
qu'elle lui préfente, détermine fon choix,
fans aucun égard à la régularité.

APANAGE

DU GENRE RÉGULIER.

I. L'ART a donc voulu se procurer des états en propre, dans lesquels il pût régner aussi absolument que la Nature dans les siens, & se l'asservir à son tour.

Cette entreprise n'étoit rien moins que capricieuse : une sorte de nécessité de convenance l'exigeoit.

II. L'Habitation placée au lieu le plus agréable au Maître, eu égard au voisinage de l'eau, à la proximité d'un grand chemin, ou à la jouissance d'une vue riche & étendue, ne pouvant, par sa construction même autant que par sa position, passer pour un ouvrage de la Nature, étoit devenue régulière dans tous ses points, afin

de ne laisser échapper aucun agrément
dans le genre qui lui convenoit. Mais
le pourtour d'une maison réguliere
peut-il ne pas être une Terrasse dres-
sée de niveau, avec une légere pente
pour en dessécher le pied?

Les Routes qui y mènent étant alignées, pour procurer par la ligne droite la voie la plus courte ; ne falloit-il
pas, au moins dans les extrémités voi-
sines de l'habitation, les border d'Arbres
pareillement alignés, choisis du même
âge, d'une seule espece, où au plus de
deux entremêlées ; les placer à distances
égales ; diriger même leurs branches, de
maniere à laisser de l'air au chemin ?
afin qu'on vît qu'ils avoient été placés
sur les deux côtés de la route, pour
procurer de l'ombrage à celui qui avoit
eu l'industrie de la rendre ferme &
unie pour sa commodité.

L'air & le soleil étant nécessaires à
la salubrité d'une habitation, pouvoit-

on se dispenser de l'isoler par une Esplanade ? Et cette Esplanade , qu'on ne vouloir pas laisser entierement nue , publiant à tous les yeux qu'elle n'étoit pas l'effet du hazard , ne convenoit-il pas de disposer symmétriquement & de terminer régulièrement les Pieces d'eau, les Tapis de gazon , même les Fleurs & Plantes d'ornement qu'on y présentoit à la vue ?

Enfin dans la plantation de Bois très-bornés & circonscripts par des allées dressées & sablées , pour qu'on pût s'y promener en tout tems, & alignées pour ne point offusquer la vue ; dans l'intérieur de ces bosquets , dont une promenade assidue auroit eu bientôt banni l'air silvestre , quand même il n'eût pas été disparate avec les objets voisins , le bon goût ne demandoit-il pas que se livrant au genre régulier, on formât des Salles symmétrisées, majestueuses , tant par la belle proportion

entre

entre les diſtances & l'élévation des colonnes naturelles qu'emploie cette Architecture végétale , que par la rectitude & la grace même des contours que l'art des Tontures fait prendre à la verdure , qui les entoure & les couvre (1). C'étoit en tous points ſe conformer au premier principe de déployer en ſon entier le pouvoir de l'Art , & d'en ſuivre les règles avec recherche, juſques dans les détails , dès qu'une fois le genre régulier domine dans la partie principale.

III. Veut-on ſe confirmer par quelques exemples un principe auſſi important ?

Je m'en tiens à la comparaiſon des deux promenades publiques les plus

---

(1) On pourroit citer ici aux détracteurs de la Régularité la ſuperbe compoſition de LE NÔTRE , dans ce qu'on nomme à Trianon la *Salle des Maronniers.*

B

fréquentées de Paris, le Palais-royal &
les Thuileries; ou à celle de l'ancienne & de la nouvelle plantation des
Champs-élisées. Dans l'ancienne disposition des arbres de ce grand Cours,
abattus en 1759, ainsi que des arbres du
Jardin des Thuileries, en formant des
allées & des salles, on avoit négligé les
lignes diagonales, qui sont ménagées très-
fidèlement dans les nouveaux quincon-
ces du Cours & du Palais-royal. S'ils plaisent davantage, n'est-ce pas précisément
parce qu'ils sont mieux d'accord avec
eux-mêmes, au lieu que les anciennes
Plantations, déja trop Uniformes pour
paroître une portion de futaie, n'étoient
pas assez Régulieres pour éviter le re-
proche de méprise ou de négligence
dans leur Formation ?

IV. Mais n'oublions pas un terme
essentiel dans la comparaison des Edi-
fices & des Jardins réguliers. Leur ensemble ne doit pas excéder la portée

de la vue : on doit pouvoir le saisir d'un coup-d'œil, comme un corps bien proportionné.

Tout au plus ; qu'il en soit comme d'un Groupe, dont on fait le tour pour le contempler sous toutes ses faces. Que les divers aspects du Jardin régulier, dont une courte promenade autour du Manoir présente successivement la jouissance, se trouvent si bien liés avec les bâtimens, qu'ils en semblent des suites nécessaires, comme les diverses parties de l'édifice lui-même, par leur Correspondance & leur subordination à l'Habitation principale, annoncent le lieu où réside le Maître & le chef de la famille, & publient que tout est fait pour lui.

Défauts à éviter.

V. Etendre la Régularité dans des endroits trop éloignés, & établir une Symmétrie calquée dans des lieux dont

la correspondance a besoin d'être cher-
chée ; embrasser enfin avec tant de
préférence un genre de Décoration
qu'on l'emploie par tout sans variété,
font trois défauts considérables également essentiels, qui par l'ennui qu'ils
procurent, arrêtent tout l'effet qu'on
est en droit de demander aux Jardins
réguliers, savoir de frapper d'admiration ceux qui les parcourent pour la
premiere fois, & d'enchanter de plus en
plus chaque jour le Connoisseur qui les
fréquente, lorsqu'il a bien saisi l'esprit
de leur Formation (1).

---

(1) Les réflexions précédentes ne sont pas
moins applicables aux Bâtimens qu'aux Jardins. Sans un grand détail à cet égard, il
suffira de demander pourquoi les Statues
équestres de Louis XIII & de Louis XIV
semblent enfermées dans des cloîtres fasti-
dieux ; & d'où peut provenir au contraire

VI. C'eſt bien ici le lieu de rappeller cette règle ancienne énoncée par
Caton d'une manière ſi expreſſive : *bâ-*
tiſſez , dit-il , *de maniere que la mai-*
ſon ne cherche pas le jardin ; on pourroit ajouter , *ni le jardin la maiſon.*

La même différence qu'on exige entre le Palais d'un Souverain, le Château d'un grand Seigneur & la Maiſon
de campagne d'un particulier , doit ſans
doute régner dans les Jardins qui les
accompagnent. Mais ne pourroit-on pas
dire que , depuis un tems, tous ces Jardins excèdent également en étendue
cette proportion que le bon goût exigeoit ?

Il ſemble même que cet excès, en ame-
nant l'ennui, que nous regardons comme
ſa conſéquence néceſſaire , eſt ce qui a le

---

l'agrément qui ſe trouve dans la poſition de
celles d'Henri IV & de Louis XV.

plus décrédité de nos jours le Genre régulier. Fatigué de parcourir des parterres, des allées, des salles, des bosquets décorés uniformement, quelquefois sans goût, & le plus souvent sans agrément, par ce que hors-d'œuvre, on n'y retrouvoit que le Caprice qui les avoit fait faire, ou la Routine d'après laquelle ils avoient été tracés; on a commencé par s'y déplaire, & par leur préférer des Promenades champêtres : enfin on donne aujourd'hui tellement la préférence à ces dernieres, qu'on veut s'épargner la peine de les aller chercher, & amener la Campagne dans l'enclos même de ses Murs.

Est-ce ainsi resserrée qu'elle peut plaire? ou du moins quelle partie de ses agrémens peut-on se procurer dans de si étroites limites? Enfin quelles circonstances semblent - elles être nécessaires pour y réussir? Mais sur-tout quelle est, dans l'un & dans l'autre

Genre, l'Harmonie qu'il faut conserver avec le Site naturel du lieu & de tout ce qui l'environne ? & combien n'est-il pas tout ensemble & sage & gracieux de savoir profiter heureusement des points donnés : c'est ce qui nous reste à examiner.

Profiter des points donnés.

VII. Avant de quitter le Genre régulier, arrétons-nous à cette intelligence de distribution, qui sans jetter dans les dépenses également ingrates & infructueuses des grands mouvemens de terre, fait présenter un commencement de Symmétrie assez étendu pour satisfaire le premier coup-d'œil, & l'arrêter à propos suivant que l'exigent les convenances ; qui fait Masquer un biais ou une inégalité de terrain, par une façade de bosquet, dont une moitié se trouve sur les limites mêmes de l'enclos, tandis que l'autre, après avoir offert dans son intérieur un point de repos, est le commencement d'une nouvelle Promenade & en devient le centre.

Voyons le génie du Formateur lui faire disposer ses alignemens de maniere que par les fossés ou sault de loup, pratiqués sur les bords de l'enceinte, on jouisse des avantages de la Clôture, sans s'y trouver renfermé; & que les objets du dehors se lient tellement avec la distribution intérieure qu'ils n'y paroissent point étrangers.

Voyons-le varier les coupes des terres & la disposition des bois, de maniere à conserver à l'habitation la noblesse qui fait son caractere, en donnant au jardin l'air riant qui lui convient ; y conserver à ce dessein une libre entrée au Soleil, qui seul égaye les Paysages, en même-tems qu'il vivifie la Nature.

VIII. Et pour fixer un peu plus

nos idées, jettons un coup-d'œil rapide
fur la formation du Jardin de Verfailles.

ESPRIT DE LA FORMATION
DE VERSAILLES.

I. Louis XIII avoit placé fa petite
maifon fur une tertre ifolé, précédem-
ment occupé par le moulin deftiné au
fervice des plaines baffes du voifinage,
qui entourées de Collines, étoient tellement expofées au vent, que leurs Grains
fréquemment verfés, avoient attiré à la
Paroiffe le nom de *Verfailles*.

Ce petit Château, enveloppé par Louis
XIV de fuperbes bâtimens, s'eft trouvé changé en un palais magnifique ;
mais fon heureufe pofition fera toujours
une partie effentielle de fa beauté.

Depuis les trois Avenues en pate
d'oie, qui y amènent des lieux voifins,
on monte progreffivement par la gran-

de esplanade de la Place d'armes , par
l'Avant-cour & la Cour Royale jusqu'au
plein-pied du Château, qui domine fur les
deux portions de Ville jettées à droite &
à gauche.

Du côté du Jardin , un plateau fe
préfente au Soleil couchant. Vers le
nord , la Defcente prefque confervée
dans fa pente naturelle , fe trouve cou-
pée par deux Bofquets placés en avant,
& par une maffe de bois, qui termine
le percé du milieu fur la clôture même du Jardin , qu'il eût été fâcheux
d'ouvrir aux vents froids. Ces Arbres
au contraire fe trouvent frappés du
foleil , depuis le matin jufqu'à fon cou-
cher, pendant une partie de l'année ,
ou au moins dans l'été jufqu'au tems
où l'on cherche la fraîcheur du foir :
ils en paroiffent plus beaux ; & par
l'abri qu'ils procurent au Parterre qu'ils
accompagnent , ils favorifent finguliere-
ment la culture des Fleurs qu'on y veut
élever.

La même difposition répétée à la gauche du bâtiment, outre le défaut d'une fymmétrie inutile comme trop éloignée, eût été d'une difformité & d'une trifteffe infoutenable, par les ombres allongées des Arbres fur le Parterre. Auffi trouve-t-on de ce côté le plein-pied maintenu jufqu'à une certaine diftance : la Terraffe foutenue par le bâtiment de l'Orangerie, s'y précipite à pic, comme les Falaifes qui bordent la Seine & quelques autres fleuves vers leurs embouchures.

Deux immenfes Efcaliers terminent les deux bouts de cette terraffe ; & forment, par leur enfemble, le foubaffement le plus noble qu'on ait pû concevoir au Château vu de trois quarts en fe tournant vers le Nord-eft.

Un grand chemin, fur lequel l'œil plonge, borde le foffé qui fert de limite ; & par-delà une Pièce d'eau, creufée pour deffécher cette partie baffe, conduit l'œil jufqu'à la colline voifine, couverte d'arbres ombrés par fa pente au nord, mais affez éloignés pour ne point attrifter la vue.

De la forme de cette pièce, fi prodigieufement allongée qu'elle femble une rivière à ceux qui l'apperçoivent par le flanc, il ne réfulte par la perfpective au point où elle doit être vue, qu'un miroir bien proportionné.

Enfin la face du Château, fans point de vue, parce que le local n'en offre aucun de fort étendu, préfente cependant un percé de près d'une lieue de longueur, & affez refferré pour donner à cette diftance tout fon avantage.

Des efcaliers & des rampes difpofées en Fer à cheval varient d'une troifieme maniere la defcente du monticule, & préfentent le double avantage de fervir de foubaffement à l'afpect du Château vu de face, & de refferrer la

vue à l'entrée des Plantations, de maniere qu'on n'apperçoive point du Bâtiment l'ombre que porte le côté gauche.

II. Je ne parlerai point de la magnifi-
cence, on feroit même tenté de dire, de
la profufion avec laquelle le Marbre eft
répandu dans ce Jardin; de la beauté
des Sculptures, fi parfaites que des en-
thoufiaftes regrettent de les voir expofées à l'air ; ni de l'intelligence avec
laquelle les Eaux jailliffantes font ménagées, de forte que les baffins fupé-
rieurs deviennent réfervoirs pour les
eaux baffes, qui fe raffemblent enfin
dans le grand Canal dont elles rem-
placent l'évaporation. Tous ces orne-
mens acceffoires, qui bien d'accord
avec le plan général, en relèvent beaucoup le mérite, & qui mal diftribués
gâteroient la plus belle Ordonnance,
font incapables de réparer une Formation manquée, & c'eft principalement

trop grande des lieux qu'elles occupent, qui les fait trouver déserts & in-
habités, tandis qu'à l'aspect des Grilles
qui terminent les allées, on sent toujours avec chagrin qu'on est enfermé:
le défaut de Points de vue extérieurs:
enfin le déplaisir encore plus grand de
trouver l'entrée des Bosquets barrée
par des enceintes particulieres, offen-
çantes pour les promeneurs auxquels
elles en proscrivent l'entrée, & incom-
modes même à ceux auxquels on en
confie des clefs ; ce qui en ôtant la
facilité de s'égarer dans des détours &
de jouir de la variété de la décoration
intérieure des bosquets, prive de la
ressource que la promenade pourroit y
trouver, en abandonnant les grandes
allées comme des routes ennuyeuses.

V. Je ne m'arrêterai pas sur l'entiere
& ridicule conformité du Bosquet Dauphin & de celui de la Girandole,
plantés par Louis XIII. à la naissance

du Dauphin son fils , & dont la con-
servation fut une loi imposée rigoureu-
sement au génie de LE NÔTRE : conser-
vation d'où résulta le peu de largeur
de l'ouverture du Tapis verd , qui n'embrasse que les neuf croisées du milieu
de la Galerie , & l'impossibilité de l'é-
largir au moins autant que le Canal ,
qui en embrasse quatre de plus.

Comme on semble , par la position
de la Colonnade & du bosquet des
Dômes , avoir voulu conserver la facilité d'élargir ce percé , lorsqu'on sera
dans le cas , où il en faudra venir tôt
ou tard d'abattre , & replanter tous les
bosquets à la fois ; il est à croire qu'alors
on fera ce qui ne fut pas possible d'abord.

Projets de réforme.

VI. Dans ce même cas d'une Re-
plantation générale , aujourd'hui que
l'on possède plusieurs Arbres d'ornement inconnus ou trop rares dans le
siècle

siecle dernier , il seroit également facile de varier les Plantations, non-seulement de l'intérieur des Bosquets ,
qu'on disposeroit pour être successivement en beauté , les uns au Printems
ou dans l'Eté , les autres en Automne
& même en Hiver ; mais encore de
varier même les bordures des grandes
allées , en supprimant dans quelques-
unes les Charmilles , si avantageuses &
presque nécessaires dans les endroits
ornés de Figures de marbre , aux-
quelles elles servent de fond , mais dont
la répétition dans les autres endroits
devient fatigante.

On pourroit , dans le voisinage de
l'Obélisque , où l'expérience a apris que
les arbres sont d'une si belle venue ,
former une partie de Quinconce ; &
l'égayer en substituant un fossé au
mur de clôture. Accompagner les Rocailles & les allées sinueuses du Labyrinthe , qui sont par elles-mêmes d'un

C

caractère gracieux , d'arbustes à fleur
& de petites palissades variées à chaque détour. Destiner l'intérieur du
massif correspondant à la Salle du Bal ,
dans lequel se trouvoit déposés plutôt
que placés les trois superbes groupes
des Bains d'Apollon , pour rassembler
les Arbres & les Plantes qui conser-
vent leur verdure en Hiver , & procurer , dans les beaux jours de cette sai-
son , une salle de repos , qui ne se res-
sente point de l'engourdissement de la
Nature.

On pourroit pareillement faire des
Orangers de la plus belle Orangerie
qui soit , en aucun lieu des climats où
ils craignent le froid , un emploi , plus
gracieux peut-être , & sûrement plus
avantageux à leur santé , que de les
laisser en dépôt au-devant de la serre ,
où ils sont si bien l'Hiver & si mal
l'Eté , grillés par le reverbère des bâtimens qui les entourrent de trois côtés ;

ce seroit d'en distribuer, au moins une partie chaque année, au pourtour des deux bassins de l'Ile-royale, entremê-lés avec d'autres arbres, dont la mi-ombre leur seroit si profitable, & dont le contraste de hauteur, de figure & de couleurs feroit un délicieux effet.

Ce lieu, nécessairement renfermé d'une clôture particulière, pourroit en même-tems devenir le dépôt de quel-ques échantillons d'Arbres & de Plan-tes rares & curieuses, dont l'examen intéresse presque autant, quoique moins généralement, que le peut faire celui des animaux étrangers.

Enfin dans ces légers changemens, incapables de nuire au bel ensemble de la premiere Formation, & qui pro-bablement en augmenteroient l'intérêt, il seroient également possible de ména-ger à la Famille Royale un agrément, dont le Roi de France, presque le seul entre les Gens riches de son Royaume, se trouve constamment privé dans son séjour habituel ; savoir la possibilité de prendre l'air en liberté, dans un Jardin particulier contigu aux Appartemens.

La chose seroit d'autant plus facile, lorsqu'on aura terminé le nouveau Chemin de Marli, dans lequel celui de Trianon peut très-bien déboucher, que le pavé intérieur, qui sort de la Chapelle devenant alors inutile, on pourroit pratiquer une sortie par l'extrémité de l'aile neuve, & au moyen d'un passage orné de Bosquets bas & fermé, conduire à cette réserve destinée à l'amusement du Prince, de sa Femme & de ses Enfans, & de leurs familiers, qui occuperoit tout le tour du grand bassin de Neptune, & pourroit s'allonger du côté de la route actuelle de Trianon (1).

____

(1) J'apprends que, suivant les Ordres du Roi, M. le Comte d'Angiviller, Directeur

VII. Après une digression déja trop longue sur quelques embellissemens qu'on pourroit faire à ce Jardin si célèbre & si digne de sa réputation,

———————

& Ordonnateur général des Bâtimens, vient de faire annoncer le 20 Novembre 1774, la vente de tous les Bois de Futaie, Arbres de ligne, Taillis & Palissades, dont sont plantés les Jardins de Versailles & de Trianon. Le voici donc arrivé ce moment prévu depuis plus de trente années, & dans lequel il sera possible de rectifier les légères imperfections d'un des plus beau lieux de l'Univers.

Me pardonnera-t-on d'oser, encore à cette époque, publier des Réflexions & même des Projets, qu'il m'appartient si peu de former? Heureusement ceci n'est que l'expression fugitive d'une foible voix, qui a grand besoin d'être pesée. Le bon goût du Juge qui doit en décider, & les talens de ceux, qui sous ses Ordres dirigeront l'exécution, sont de solides garants de la sagesse du parti qui sera suivi.

revenons à parcourir ses dépendances;
ce seroit ne l'examiner qu'à demi
que de rien dire du petit Parc, qui l'en-
ferme, & avec lequel il ne fait en quelque sorte qu'un tout.

Défauts du petit Parc.

VIII. Et à cet égard, si les deux grands
percés du Canal & de la Pièce des
Suisses terminent si bien le Jardin, par
les belles Esplanades qu'elles présen-
tent, ne retrouverons-nous pas, dans le
reste du Parc, cette même Uniformité
que nous avons déja vu déplaire dans
l'intérieur du Jardin?

De nombreuses Avenues à quatre
rangs d'Ormes ou de Peupliers blancs,
dirigées de différens sens, & condui-
sant toujours l'œil en ligne droite sans
lui permettre de s'échapper de droite
ni de gauche: quelques parties décou-
vertes en Prés ou en Grains; les autres

en Taillis : quelques Remises , le plus
souvent de forme régulière , & entourées de Pâlis ; aucune partie de Futaie ,
ni de ces bois clairs & herbus , tels que
le bois de Boulogne, dans lesquels la Promenade est si délicieuse : point de Vignes ; tout le territoire étant peut-être
trop froid pour le permettre : un Hori-
zon toujours borné ; nulle apparence
de Bourgs ni de Villages voisins, ceux
de Trianon & de Choisi - aux - bœufs ,
qui se trouvoient dans l'enceinte du
Parc , ayant été sacrifiés au plaisir de la
Chasse & détruits vers 1690 : point
d'eau , soit d'Etang , soit de Riviere ,
mais seulement quelques Réservoirs
d'eaux pluviales rassemblées au loin
pour les Jets & les Bassins du Jardin ;
ces Réservoirs , de forme régulière &
bordés de murs ; par-tout de la Con-
trainte sans richesses , de la Décoration sans variété :... de sorte que pour
jouir de la Nature , ou pour trouver

C 4

quelque point de vue ſatisfaiſant, il faut
s'éloigner de près d'une lieue à là ron-
de ; à moins qu'on ne veule tenir comp-
te de la vue de la Ville & du Château
de Verſailles, qui ſe trouve ſur la Colline de Satori au-deſſus de la Pièce des
Suiſſes , dans les années où les Taillis
nouvellement coupés n'ont pas encore
crû aſſez haut pour la lui dérober.

Que de motifs d'ennui ? auſſi eſt-il
le fruit le plus ordinaire qu'on recueil-
le dans cette vaſte Plantation régulière,
quoique l'une dès mieux conçue , des
mieux liée, dans toutes ſes parties ; mais
rebutante par cela ſeul qu'elle eſt trop
vaſte.

FORMATION DES PARTERRES.

I. A ce défaut d'une uniformité
pouſſée trop loin , nous pouvons oppo-
ſer celui d'une Symmétrie puérile &
ſouvent imaginaire , dans la diſpoſition
des Parterres.

II. La découverte du Buis nain, susceptible d'être réduit par la tonture à la hauteur & l'épaisseur d'une brique, ouvrit, au commencement du siècle dernier, un Genre particulier de Décoration. Les Parterres de broderie en Buis & en Gazon découpés, avec des Sables de couleur prirent une grande faveur. Et quoiqu'il s'en voie quelques-uns de ridicules, par le mauvais goût des figures qu'on leur fait représenter ; comme ils se conforment en entier au Genre régulier, convenable dans le voisinage des Bâtimens, lorsqu'ils sont tracés par un main habile, ils plaisent généralement & avec raison. Ils sont en outre les seuls qui conviennent aux Jardins publics, comme résistant mieux aux dégradations.

Dans d'autres Jardins, les Mignardises, les Staticées, l'Argentée, les Paquerettes & diverses autres Plantes basses, sont substituées au Buis , &

ajoutent à une verdure agréable & de
nuances variées , le mérite de se cou-
vrir de fleurs en certaines saisons , &
quelques-unes celui de parfumer l'air
de leur odeur.

III. L'Art de nuer aussi les Gazons
étoit le seul agrément qu'il restoit à
introduire dans ce Genre de Parterres.
Les essais annoncés dans le *Jardinier
prévoyant* pour l'année 1775 , font
croire qu'avant peu les Marchands de
Graines bien assortis (1) , vendront des
graines triées & étiquetées des diverses espèces de Graminées , de Tréfles ,
& du petit nombre d'autres Plantes
propres aux Gazons , comme ils ven-
dent déja les graines des Prairies artificielles.

Le seul moyen qu'on connût autre-

______

(1) Tels que les Sieurs *Andrieux* & *Vil-
morin* , au Roi des Oiseaux , quai de la Mégis-
serie

fois de femer , foit un Pré , foit un
Gazon , étoit de ramaffer la graine de
Foin dans les balayures des greniers. Mais
des Cultivateurs attentifs ayant reconnu
que par rapport aux Prairies , dans les
Plantes de ce mélange , les unes étoient
plus profitables , d'autres inutiles &
d'autres nuifibles ; que d'ailleurs les
unes pouffent plus promptement que
les autres , ou plus ou moins haut, dans
les terrains qui leur conviennent , ont
fagement imaginé de femer féparément
les plus fortes & les plus productives
de ces Plantes.

Ces effais , faits en différens pays , ont
fucceffivement donné à l'Agriculture ,
la Luzerne , le Sainfoin , le Fromental ,
le grand Trèfle , tous deftinés à produire abondance de fourage fec ; le
Raigrafs , excellent en vert pour les
chevaux ; la Lupuline & le petit Trèfle
jaune , merveilleux l'un & l'autre pour
les Prairies volantes , qui ne tiennent la

terre qu'une feule année ; le Timoti, deftiné à la nourriture des Bœufs, & qui s'accomodant des lieux aquatiques les empêche de refter inutiles (1).

C'eft d'après des exemples fi puiffans que l'on avoit propofé dès 1772 (2), de femer à part les diverfes efpèces de Plantes des beaux Gazons, féparées à la main, épis à épis ; d'en faire des bordures de porte-graines, & enfuite des effais par carreaux ou par bandes, afin de juger quelles efpeces

---

(1) De ces Prairies artificielles, quelques-unes font dues aux Anglois & aux Hollandois, mais c'eft en France que l'ufage des premieres s'eft établi d'abord. M. le Préfident du Roffet n'a pas laiffé échapper ce fait dans les Notes inftructives qu'il a joint à fon très-exact & agréable Poëme de l'*Agriculture*.

(2) Dans l'Article XIV, *des Confidérations fur le Jardinage* à la fuite du *Jardinier prévoyant* de l'année.

forment le Gazon le plus fin , sans être exposées à l'inconvénient de se séparer en touffes serrées , mais dégarnies dans leurs intervalles ; de comparer sur-tout le contraste des couleurs , & de pouvoir choisir celles dont l'opposition est assez tranchante , pour dessiner des compartimens dans les Parterres , ou des Tapis , à l'imitation des étoffes chamarées ou rayées (1).

---

(1) Pour les petits objets , comme les plate-bandes & découpés , les lits & les bancs de Gazon , où il est plus commode & souvent nécessaire de plaquer le Gazon par carreaux levés ; si on les prend dans une pélouse rendue belle par le parcours , les Plantains , la Millefeuille , la Jacée & autres Plantes grossières , qu'on y soupçonnoit à peine , ne tardent pas à montrer leur difformité. Il seroit donc très-avantageux d'élever de Graines pareillement triées , le Gazon qu'on veut plaquer , en le semant sur un terrain ferme & uni , couvert de quelques pouces de bonne terre.

Le procédé étant aujourd'hui trouvé
& publié, il n'est question que de l'employer dans cette sorte de Parterres en-
tiérement voué au Genre régulier, &
qui s'allie si bien avec les eaux jaillissantes, les Bassins bordés de pierre ou
de marbre, les Vases, Statues & autres
Sculptures.

IV. Mais par les caracteres même
de la beauté des Parterres de broderie, on peut juger du mauvais effet des
Parterres compartis, dans lesquels on
place sur les trois, cinq ou sept rangs
de chaque platte-bande, des Plantes grê-
les & touffues, hautes & basses, en
correspondance de milieux & de pen-
dants, comme les Tableaux d'une Galerie?

Toute cette Symmétrie minutieuse,
séduisante sur le papier, ne sauroit être
goûtée dans l'exécution, puisqu'à peine
apperçue de dessus les combles du Bâtiment, elle ne présente au plein-pied,

nit même du premier étage, que l'image
de la Confusion, sans nulle Beauté, ni
du Genre naturel, ni du Genre régulier. Les Fleurs de ligne, au contraire, & les masses dont on remplit les
Corbeilles circonscrites des Parterres
de bon goût, satisfont l'œil par la simplicité de leur ensemble, même avant
qu'elles soient parfaitement fleuries, &
l'enchantent dans l'instant de la pleine
fleur.

V. Dans ce Genre, dont les Planches de Tulipes, de Jacintes, d'Ané-
mones & autres Fleurs des Curieux ont
probablement amené l'idée, on a exécuté avec succès des Compartimens vifs
& gracieux, soit dans les Corbeilles, en
fleurs semées ou plantées, soit sur les
Théatres au moyen de Plantes empo-
tées. Il est seulement nécessaire d'asso-
cier des Plantes dont la floraison con-
courre & dont le port soit analogue ; ce
qui doit faire employer par préférence

les variétés de diverses couleurs d'une
même espece, telles que font celles de la
Reine - marguerite pendant l'Automn-
ne (1).

On se rappelle la surprise donnée
au feu Roi, soupant dans le nouveau
Pavillon de Trianon en Septembre
1772, par le coup-d'œil brillant &
enchanteur d'une inscription, portant à

-----

(1) L'opinon favorisée par le nom même
de *Reine-marguerite*, que cette superbe fleur
n'est autre chose que la Marguerite des prés
mieux cultivée, est devenue si commune,
qu'on ne sauroit se laster de répéter que la
Reine-marguerite est une Plante Chinoise,
nommée en Chinois *K'iang-sita*, dont le P. Din-
carville envoya les premiéres graines à M. de
Justieu vers 1750, pour le Jardin du Roi, &
qui de simple & uniquement violette, comme
tous les *Asters* dans le Genre desquelles elle
se trouve, a produit peu-à-peu toutes les variétés doubles, à pompons, à tuyaux, &c.

droite

droite & à gauche de son Chiffre, d'un côté *Vive le Roi*, de l'autre *le Bien-aimé*, écrite en lettres de six pieds de proportion, sur un gradin au-devant de l'Orangerie, avec des Reines-margueri-tes blanches sur un fond de rouges & violettes mêlées, car le blanc est à cet égard préférable à toutes les couleurs, pour son éclat tant au déclin du jour qu'aux lueurs nocturnes du clair de Lune ou du Réverbère de lumieres cachées.

Si la Nature est belle dans son état de liberté, elle plait encore dans les desseins les plus réguliers, où on la substitue aux matériaux factices, qui y semblent particulierement destinés. Dans l'Art de la Bouquetiere, des toupillons de Violette autour d'un fleuron de Ja-cinte ou de Jonquille, & de Pensée au-tour d'un fleuron de Giroflée, d'une Paquerette ou d'une Rose-pompon, for-ment des bouquets montés très-régu-liers & cependant fort agréables, &

peut-être mieux assortis aux ajustemens recherchés d'une parure complette que les Bouquets de fleurs rassemblées avec contraste.

CONCLUSION.

I. Un dernier ridicule enfin, qui a singulierement nui au Genre régulier, c'est la folie de planter à de petites distances, des Arbres, dont la nature est de croître très-haut, & d'étendre au loin leurs branches.

L'envie de jouir en peu d'années entraîna les premiers à cette mauvaise pratique, & la mode en fit pendant un tems une routine dominante. Mais la Nature toujours invariable ne pouvoit pas s'y prêter. Aussi une vieillesse prématurée de tous ces petits Bosquets dont la jeunesse avoit été tant fêtée, ne tarda-t-elle guère à rendre leur vue choquante ; elle fit en même-tems rejaillir sur le Genre le dégoût qui n'étoit

dû qu'à la mal-adreſſe dans l'exécution.

II. Mais tous ces défauts étrangers
au Genre régulier ne diminuent rien
de ſon excellence. Ce ſera toujours le
ſeul qui convienne dans le voiſinage
de l'Habitation ; & même en faiſant
dominer le Genre naturel dans la diſ-
tribution totale, on ne peut ſe diſpen-
ſer de ſoumettre encore aſſez fréquemment à la régularité l'Ordonnance de
pluſieurs objets de détails.

APANAGE

DU GENRE LIBRE OU NATUREL.

I. Si le Genre régulier doit être proscrit dans les grandes étendues, en quoi donc consistent, pourra-t-on demander, les moyens d'en rendre la vue gracieuse, & d'y procurer une Promenade agréable?

II. Il me semble qu'ils se réduisent à suivre pas à pas la Nature ; à sentir ce que le local exige, & s'y conformer de maniere que rien ne paroisse l'effet du caprice; que chaque chose soit bien à sa place qu'on ne puisse lui en trouver une meilleure, tant pour l'utilité que pour l'agrément, car la considération de l'utilité tient toujours son rang, comme nous l'avons vu dans

le Genre des beautés naturelles ; enfin,
à rapprocher avec goût des objets
agréables & assortis, comme Berghem,
en rassemblant des études d'Arbres &
d'Animaux, avoit l'industrie de faire
d'après Nature des Tableaux de Paysage très-naturels, dont la réalité n'exis-
toit cependant nulle part.

Origine & avantage de ce Genre.

III. Les plus anciens Voyageurs
qui ont parcouru l'Asie, nous avoient
rapporté vaguement que les Jardins des
Turcs & autres Orientaux, semblables
à ceux dont parle l'Antiquité, ne consistent qu'en un mélange confus d'Arbres, sans Parterres, sans Allées, ni
Salles de verdure ou Berceaux ; de fa-
çon, disoient-ils, qu'ils ressemblent à
des Bocages plutôt qu'à des Jardins (1).

―――――――――――――

(1) On peut consulter la description de

D 3

Tel étoit le sentiment du préjugé : mais un homme d'Art, un Peintre de Paysage, plus capable qu'aucun autre de goûter les beautés naturelles, le Frère Attiret enfin, Jésuite François, natif de Dôle, ayant été admis pour son talent dans le prodigieux enclos du Palais de l'Empereur de la Chine, dans cette enceinte que le Souverain, qui s'y trouve relégué par son rang suprême, se plaît à enrichir de manière qu'il puisse lui tenir lieu de l'Univers, la description qu'il en fit, dans une Lettre écrite de Pékin en 1749 (2), communiqua tout-à-coup un enthousiasme

---

l'Orangerie de Beroot, transcrite par la Martinière, dans son *Dictionn. geograph.*

(2) Dans le XXVI. Tom. des Lettres édifiantes & curieuses : laquelle Lettre se retrouve aussi dans les Volumes d'extraits publiés chez *La Combe*, Libraire.

d'admiration à plusieurs Amateurs, principalement en Angleterre, où les imitateurs de *Le Nôtre* avoient jusque-là dirigé la Formation des Jardins suivant le Genre régulier, à quelques légers changemens près, résultans d'une sage liberté introduite vers 1720 par *Kent*, à l'exemple de ce qu'avoit fait en France le célèbre *Dufresny*. On voulut donc avoir des Jardins Orientaux ou Chinois.

Une des choses qui a dû le plus contribuer à rendre ce goût dominant parmi les Anglois, c'est l'amour qu'ils avoient déja pour les Collections des diverses espèces d'Arbres, Arbustes & Plantes, dont plusieurs exigent des situations particulières, ombragées, aquatiques; ou le mélange de Broussailles qu'on ne soufre pas dans les plantations regulières.

D'ailleurs l'Uniformité & la répétition étant nécessaires, au moins jusqu'à un certain point dans le Genre régulier, il eût fallu avoir un nombre d'Arbres de chaque espèce, tous d'âge pareil, pour les placer avec agrément dans des plantations de cette sorte, lesquelles fussent d'ailleurs devenues trop vastes & difficiles à parcourir. Au lieu qu'en se donnant la liberté de meubler la Campagne telle qu'elle étoit, chaque chose trouvoit facilement sa place.

V. Il y avoit encore d'autres avantages à laisser régner le Genre libre ou naturel, tels que de pouvoir porter les Jardins ou Parcs de promenade à une plus grande étendue, sans regretter la perte du terrain, & diminuant même de beaucoup les dépenses de l'entretien, puisqu'au lieu de nourrir des Journaliers pour faucher les Gazons, & ratisser ou battre des Allées ; les troupeaux de Moutons auxquels est confié l'entretien des Pélouses font un produit annuel ; qu'au lieu des Tontures

souvent réitérées, les Bois laissés en liberté, donnent de tems à autre des
coupes fructueuses, qui en même-tems
perpétuent la jeunesse des plantations,
en offrant toujours quelque partie dans
cet âge, où même chez les êtres ina-
nimés, chaque année développe de nouvelles graces; enfin que toutes les Cultures utiles font admises dans ce Genre,
chacune au lieu qui lui est propre.

Aussi veut-on assez généralement
trouver, dans les Jardins du nouveau
Genre, une Ferme ornée, dont la Lai-
terie & la Basse-cour procurent près
du logis les jouissances qu'auparavant on
prenoit la peine d'aller chercher au loin.
C'est vouloir ramener, au milieu du luxe,
la vie-rustique de nos vertueux ancêtres, en copiant du moins leurs Habitations, dont nous trouvons encore une
vive image dans les Mazures Cauchoi-
ses, si conformes à la description que
le Bolonois Crescenzi faisoit au dou-

zieme siècle d'un Manoit de Campagne.

Un vaste enclos entouré de Fossés & de Berges sur lesquelles sont plantés, au milieu d'une double haie, un rang d'Arbres serrés, sur-tout de Frênes plus propres à rompre les vents de mer: des barrières très-légères, quoique souvent couvertes d'un porche grand & élevé. Dans l'intérieur, le Verger de Pommiers & Poiriers, destinés à fournir les fruits à coûteau & la boisson de toute la famille : le dessons couvert d'une Pélouse toujours habitée par des Bestiaux & des Volailles. Les Bâtimens placés au centre, mais séparés les uns des autres; le Corps-de-logis du Maître, celui des Valets, les Granges, la Charreterie, le Four ; différens petits enclos de Jardins pour les légumes, ou pour quelques menus grains ; le plus orné tenant à l'Habitation principale, mais sans faste aussi-bien qu'elle.

Toutes les Cours ou Mazures d'une Paroiſſe raſſemblées aux environs de l'Egliſe, mais le plus ſouvent ſéparées les unes des autres par des Chemins, quelquefois par des Ruiſſeaux, formant ainſi chacune un Ilot, ou comme on dit en Languedoc, une Condamine; & préſentant de loin, par leur réunion, l'image d'un Bois plutôt que celle d'un Village.

VI. La ſeule innovation, en renouvellant les Mazures Normandes, étoit d'incorporer dans cet enclos utile diverſes Plantations de pur agrément; telles que des Cabinets, des Rotondes, des Colonnades, & de chercher par leur poſition à compoſer des Perſpectives intéreſſantes. On a même vu des Amateurs ſe faire un plaiſir de conſtruire, dans ce deſſein, des Ruines ſuppoſées d'anciens édifices, ſoit de compoſition, ſoit copiées fidèlement d'après quelque monument connu; un Temple

Grec , un Eglise Gothique , une Pagode. C'étoit modèler en relief les sujets ordinaires de nos Tableaux de perspective : & vraisemblablement , à ne considérer que le plaisir des yeux, ce qui est goûté même en imitation, doit l'être également en réalité ; quoiqu'on puisse objecter à ce système d'embellissemens que les Ruines artificielles sont privées du point principal qui produit l'intérêt dans l'examen des Ruines antiques ; savoir , la vérité (1).

____

(1) M. Rousseau de Genève plaisante très-agréablement cette sorte de caprice, dont les Anglois eux-mêmes commencent à se dégoûter. *Voyez* dans la *Nouvelle Héloïse* la Description de l'Elisée.

Je ne puis résister au plaisir de transcrire ici les vers composés sur le même sujet, qui terminent une Epître anonyme sur la *Manie des Jardins Anglois*, La Combe 1775.

J'aime un vieux monument parce qu'il est antique.

C'est un témoin fidèle & véridique

Les idées Chinoises sur la distribution des Jardins, exposées en 1757,
par M. Chambers, d'une manière encore plus précise que dans les premières
descriptions, ont fait en Angleterre &
en France un tel progrès, qu'on veut,
comme les Chinois, rassembler dans
le même Jardin, des scènes riantes,
horribles & enchantées ou Romanes-

Qu'au besoin je puis consulter;
C'est un Vieillard, de qui l'expérience
   Sait à propos nous raconter
   Ce qu'il a vu dans son Enfance,
   Et l'on se plaît à l'écouter.
Mais ce pont soutenu par de frêles machines,
Tout ce grotesque amas de modernes ruines,
Simulacres hideux dont votre Art s'applaudit,
Qu'est-ce ? qu'un monstre informe, un enfant décrépit ?
   Il naît sans grace & sans jeunesse ;
   Du tems il n'a rien hérité ;
Il ne sait rien, & n'a de la vieillesse
Que son masque difforme & sa caducité.

ques; les varier, les contraſter, & ſur-
tout les préſenter comme des accidents
naturels heureuſement rencontrés (1).

VIII. Mais ici, comme dans le
Genre régulier, le grand Art eſt de
conſerver l'accord de toutes les parties:
& nous trouverons trois points princi-
paux ſur leſquels il eſt également important de le faire régner. Les pentes
des Terres & des Eaux; l'aſſortiment
des Arbres & des Plantes; & les diverſes conſtructions relatives, réelle-
ment ou par repréſentation, aux différens Ordres de la Société.

---

(1) Le même Auteur a publié en 1773,
un Ouvrage particulier ſur les Jardins Orientaux & en 1774, une Réponſe aux Critiques.
Je regrette fort de n'avoir encore pû me procurer l'avantage de les lire; je veux au moins
les indiquer à ceux que ces matières intéreſ-
ſent.

CONDITIONS NÉCESSAIRES
A UNE FORMATION LIBRE.

Difpofition du Terrain.

I. Et premièrement quant aux pentes naturelles, il s'en trouve de plus
ou de moins contraftées : cependant
elles font toutes dans une telle corref-
pondance, que plufieurs Phyficiens ont
cru y reconnoître l'impreffion des flots
agités fous lefquels, felon eux, fe font
formées les Montagnes & les Vallées.
Au refte, quelle que foit la caufe de
ces pentes, le cours des Fleuves & des
grandes Rivières nous trace évidemment de grands Baffins terreftres, bordés de Chaînes de montagnes & de
Plaines hautes. Les petites Rivières, qui
fe jettent dans les grandes, annoncent
les Baffins fecondaires qui fubdivifent
les grands. Il n'eft enfin fi petit Ruiffeau dont le cours n'indique la pente

des terres ; & dont le lit n'occupe la partie la plus baſſe de tout le voiſinage (1).

Or, ce qui eu égard à la ſtructure de la terre, n'eſt qu'une fraction de peu d'importance, devient un objet majeur par rapport au Manoir, ſi grand qu'on le ſuppoſe. Par cette raiſon même, il ſemble qu'un Plan en relief bien fidèle, du lieu qu'on veut embellir, ſeroit la pièce la plus utile au Formateur ; afin qu'il pût, comme un Sculpteur, y modèler ſes diverſes penſées, ſans expoſer l'exécution à des repentirs coûteux ; enfin qu'un modèle en petit, très-détaillé, du projet arrêté, lui ſeroit encore plus avantageux qu'à l'Architecte.

____

(1) Ces grands principes, dûs aux réflexions de feu M. Buache, Géographe de l'Académie des Sciences, ſe trouvent expoſées de la manière la plus ſatisfaiſante, dans ſes Cartes de Géographie-phyſique.

II. Dans

II. Dans les Formations régulières, quelque dépense qu'on fasse, pour se procurer des Planimétries ou des Niveaux de pente, les dispositions primordiales du Terrain sont toujours sensibles; mais dans la Formation libre d'un Jardin du Genre agreste, il est encore bien plus important de les choisir d'une tournure gracieuse à la vue, & sur-tout de ne rien faire qui les contredise.

Un Ruisseau, par exemple, qui auroit assez de pente, pour qu'au-lieu de le laisser courir dans son lit naturel, il fût possible de le faire serpenter, deviendroit un objet disparate & choquant, si on le voyoit soutenu supérieur aux terrains voisins. Il en seroit de même, & pis encore, d'une Rivière factice, entretenue par des eaux amenées de loin par industrie, ou pompées du sein de la terre à force de machines : dès que les pentes des lieux circonvoi-

E

fins décèleroient le travail humain , l'inutilité & le caprice de l'entreprise en rendroit la vue désagréable. Et certes, ces productions manquées d'un Art mauvais Copiste de la Nature, seroient plus choquantes que les Eaux jaillissantes , annoncées comme entièrement contre Nature , & qui , malgré le ridicule dont on a voulu les charger, sont , ainsi que les Feux d'Artifice , de l'ordre des choses dans lesquelles le merveilleux plaît autant que l'élégance.

Pareillement , un Tertre isolé de toutes parts sera supportable si , terminé par quelque ouvrage de l'Art , on apperçoit que ce n'est qu'un *cherche-vue* ; sur-tout si la vue qu'on y trouve dédommage de la peine d'y monter. Mais si cette éminence n'étoit destinée qu'à rompre la prétendue uniformité d'un terrain uni, ou à exposer à la vue un groupe de quelques Arbres, on ne trouveroit plus dans cette lourde &

fausse imitation de la liberté qui fait le charme de la Nature, que des fruits informes d'un caprice, dont celui même qui les a enfantés, ne tarde gueres à se dégoûter.

Ordonnance des Plantations.

III. L'assortiment gracieux des Arbres & des Plantes est un second objet non moins important, dont nous n'avions presque rien dit en parlant des Plantations régulières ; parce que c'est sur-tout dans les Plantations libres du Genre agreste, qu'il y auroit plus d'inconvénient à choquer, par des mélanges contraires à la Nature, la marche que cette sage maitresse suit ordinairement. Ce que nous allons dire pourra d'ailleurs facilement s'appliquer au Genre régulier.

IV. Quoique l'assemblage d'un grand nombre d'individus d'Espèce unique, dans un champ particulier, appartienne à l'ordre économique de la Culture; il est notoire, que dans l'ordre physique de la Végétation, il existe certaines Plantes, qui se maintiennent en société, comme le font les Abeilles, les Guêpes, ou les Fourmis. D'autres à la vérité vivent çà & là, comme dispersées: & quelques-unes, moins nombreuses en individus, semblent uniques, dans chaque lieu où on les rencontre. Mais, en général, les Plantes se cantonnent : & il est sans exemple de trouver, soit un Rocher, soit un bord de Rivière, ou une portion quelconque de terre abandonnée à la Nature, qui ne nourrisse que des individus tous d'espèces différentes. Les deux extrêmes lui sont également inconnus : le Jardin de Botanique est, aussi nécessairement que la Chenevière, un fruit de l'industrie humaine.

Mais si l'Uniformité plaît, comme nous l'avons déja dit, par la haute opi-

nion qu'elle donne du pouvoir de l'Art ;
la Diversité excessive répugne à la
fois, & au Genre régulier & au Genre
naturel. On la tolère dans une Ecole
de Plantes, par rapport à l'instruction
qu'elle procure ; elle y plaît même, par
l'idée qu'elle offre d'une grande Collection qui étonne. Mais dans un Jardin fait
pour charmer par les Graces, un fragment de cette Collection, si petit qu'il
fût, seroit insoutenable.

Si donc vous avez une Plante unique, entourez-là, soit régulièrement,
soit librement, d'une répétition d'une
ou de deux autres espèces seulement.
C'est à quoi l'exemple de la Nature
vous autorise, & la loi que le desir
de plaire vous prescrit.

Ceci s'entend des Arbres comme
des autres Plantes : puisque dans les
Forêts naturelles, quatre ou cinq espèces procurent toute la variété nécessaire
à l'agrément, évitez d'en accumuler

cer un lieu de Fêtes ; tandis que d'autres par une taille élevée, une tête bien formée, un feuillage épais, impriment le respect & la vénération ; & que l'aspect de la plupart des Pins, Sapins, Cyprès & Arbres de même famille, à feuillage fin, serré & brun, jette dans les rêveries sombres & mélancholiques. Dans le détail des diverses espèces, il s'en trouve qui sont en quelque sorte incompatibles, par le contraste trop violent qu'ils formeroient : d'autres, au contraire, plus ou moins analogues, s'accordent harmonieusement, en s'opposant toujours à une trop entière & insipide uniformité.

V. Ce sera donc en faisant de tous ces matériaux, un emploi médité, & bien d'accord avec ce que demande la disposition du terrain, que le Formateur saura offrir, dans les Promenades, des changemens de scène aussi puissans, que ceux de nos Décorations théatra-

les , que le bon goût des Peintres-dé-
corateurs fait ſi bien aſſortir aux évé-
nemens , qui doivent y être repréſentés.

Accord des Conſtructions.

VI. Ceci nous mène au troiſième
Point de convenance, qui conſiſte dans
les matériaux évidemment factices ,
que le Formateur admet dans le Genre
libre. Tels ſont les Ponts, grands ou
petits , & les parties de Quais ou de Le-
vées, ſur le bord des Rivières ; les Bâtimens de la Ferme ; les Moulins à eau
ou à vent , s'il s'en rencontre d'exiſ-
tans, ou de poſſibles à exécuter utile-
ment , dans l'enceinte déſignée : les
Cabinets de repos , quelle qu'en ſoit
l'Architecture , ornée ou ruſtique , en
Treillages , Rocailles, Feuillées , Chaumières ; les Bancs de pierre, de bois
ou de gazon ; les Obéliſques, Colonnes, Urnes ; & les conſtructions repré-

sentatives de Temples , de Tombeaux & autres Bâtimens anciens ou étrangers, soit entiers , soit en ruines : enfin les figures d'Hommes ou d'Animaux : sans oublier les routes frayées , qui cessent de pouvoir être regardées comme purement du Genre naturel , dès que les matières hétérogènes qu'on trouve à leur surface (telles que la recoupe de pierre , le salpêtre , le mâchefer , le gravier , le sable de terre ou de rivière) dénotent le soin qu'on prend de les entretenir.

VII. Chacun de ces objets , quoiqu'agréable en lui-même , pourroit, étant mal placé , produire un très - mauvais effet.

Les Bâtimens utiles , par exemple , demandent autour d'eux les Cultures utiles qui leur répondent.

Les Cabinets de repos seront de même fort bien accompagnés de quelques Corbeilles ou plattes - bandes de

Fleurs, de palissades tondues ou sou-
tenues sur des treillages, & de différens Arbres taillés ; le tout formé &
conduit avec plus ou moins de recherche, suivant l'élégance donnée à la bâ-
tisse du Cabinet.

Les Plantations qui accompagnent
une Chaumière ou une Feuillée, seront
conduites rustiquement, comme les
Gens de Campagne sont dans l'usage
de le faire.

C'est auprès des Bâtimens en ruine,
ou des Tombeaux, qu'on pourra se plaire
à faire prendre à la Nature cet air farouche, qui suppose un entier abandon. Un
seul sentier ferré ou sablé en feroit
manquer l'effet : c'est bien ici que doit
se pratiquer ce que *M. Rousseau* raconte
de l'*Elisée de Julie*, qu'on n'y apperçoit aucun pas d'homme, par le soin
qu'on prend de les cacher. Et même,
sans faire pour de telles constructions,
une dépense, plus ou moins grande,

mais toujours stérile, & par-là désagréable à plusieurs bons esprits, on peut
bien destiner une portion de l'enclos à
montrer la Nature livrée à elle-même.

VIII. Mais lorsqu'on voudra se
procurer des Routes de promenade,
soit à cheval, soit en calèche, & même à pied, & les entretenir pratica-
bles en tout tems ; ne semble-t-il pas
qu'elles doivent être, je ne dis point
tirées au cordeau, mais dirigées d'une
manière conséquente au besoin, qu'on
doit supposer les avoir fait faire. Chaque détour doit avoir une cause, soit
dans un empêchement naturel d'aller
droit, comme une Roche, ou une Fon-
drière ; soit dans le desir d'aller chercher un point de repos, ou un point
de vue.

Des Routes sinueuses, sans nécessité,
peuvent avoir leur agrément, dans un
Labyrinthe du Genre régulier, parce
qu'on le sait destiné à présenter une

difficulté de sortir de ses détours, qui devient un point d'amusement : mais hors delà, le caprice qui en traceroit de pareilles, n'offriroit rien qui pût plaire.

IX. Toutes les Routes soignées seront donc regardées comme à-demi du Genre régulier ; il n'y aura dès-lors, nul inconvénient à les accompagner, de place en place, de quelques bouts de haies & de lignes d'Arbres, espacés sans prétention, suivant l'usage de la Campagne.

Dans les détours, les Carrefours & autres points de centre ; les Obélisques, les Colonnes , & les diverses productions des beaux Arts trouveront très-bien leurs places , ainsi que dans nos appartemens. Les Statues des grands Hommes peuvent, en rappellant leur mémoire, fournir un sujet d'entretien. Et quant aux figures d'Animaux , si elles sont de marbre ou de bronze , la perfection de l'Art, qui seule peut les faire admettre, les fera traiter comme les autres Statues élevées fur des pieds-d'eſtaux.

Mais ſi ce ſont des Figures de terre cuite ou de plomb, peintes en couleurs naturelles, il ſera ſans doute très-agréable de les placer dans les lieux, où pourroit ſe trouver l'Animal vivant; pourvu que cet Animal ſoit de la nature de ceux qui, féroces ou farouches, ne ſe laiſſent point approcher; car ſi c'étoient des Animaux domeſtiques, la réalité ne ſeroit-elle pas bien préférable à ces froides repréſentations? & dans le ſtyle Champêtre, qu'y a-t-il de plus favorable que la rencontre de quelques Beſtiaux, ou celle d'un troupeau, pour rappeller vivement la vie Paſtorale, dont la Perſpective plaît toujours, même aux voluptueux habitans des Villes?

Diversité des Perspectives.

X. Des Ponts rustiques de planches & de perches, seront très-analogues aux parties livrées au Pâturage : on réservera les Ponts de pierre pour les Routes destinées à la promenade. Là, le cours des eaux, plus négligé ailleurs, deviendra tout-à-coup dirigé, bordé de berges de gazon, & d'arbres en boule. On leur demandera une limpidité qui laisse voir les poissons qu'on y nourrit : un couple de Cignes & leur cabane y feront un très-bon effet.

Plus bas, le Ruisseau redeviendra sauvage, & bordé négligeamment de Ciprès ou de Tuyers, comme de Saules, d'Aunes & de Peupliers ; entre lesquels toutes les Plantes aquatiques croîtront en liberté. Le Butome y montrera ses bouquets de fleurs ; la Masse & le Scirpe se trouveront dominés par le Séneçon aquatique, la plus haute de toutes les Plantes indigènes. Les Mentes embaumeront l'air : un Marécage voisin offrira une Pimentière, dans laquelle les Botanistes iront visiter brin à brin des Arbrisseaux aquatiques du Canada, le Cacha de Pologne, & l'Orisave qui, sous le nom de Folle - avoine, fait la nourriture d'une pleuplade de l'Amérique Septentrionale.

Si l'eau trouve un lieu bas, où elle puisse former un petit Etang, on saura y fabriquer une Ile flottante, établie d'abord sur des tonneaux liés en vannerie grossière, pour contenir la terre, jusqu'à ce qu'elle le soit suffisamment par les racines des Arbustes aquatiques, des Joncs, Souchets & Scirpes, & sur-tout du Marisque, qui suivant qu'on l'a observé, sont celles qui contribuent le plus à la solidité des grandes Iles flottantes de Flandres & d'Italie.

XI. Un petit Bois planté de manière que les Arbres du centre soient d'espèce à s'élever plus haut que ceux de devant, présente l'image d'une éminence sur un terrain plat. Par un artifice contraire, un Tertre, ou naturel ou factice, comme seroit le dessus d'une glacière, peut se trouver entièrement ignoré. Le plateau qui le termine, n'atteignant qu'au milieu de la hauteur des grands Arbres ; on peut ouvrir différens percés à travers leurs têtes, & former ainsi, pour les yeux, des routes Aëriennes.

L'industrie de contreplanter ne sera pas oubliée. On saura placer, entre les Arbres destinés à former un jour de grands effets, des Arbrisseaux, qui se mariant avec eux, dans le premier âge, formeront un tout ensemble agréable, quoique provisionnel. C'est imiter l'opération de la Nature dans le renouvellement des grandes Forêts.

Certaines

Certaines portions de ces Bois se trouveront peuplées des Hêtres & des Chênes les plus curieux, & de toutes les espèces les plus rares & les plus nouvelles de l'Amérique ou du Nord de l'Asie : les Broussailles même & les Herbages seront en quelques endroits entièrement composées de productions étrangères naturalisées. On trouvera une partie des Plantes alpines rassemblées, au pied d'un Réservoir d'eau construit de manière à la laisser se filtrer insensiblement, à travers les roches qui le soutiennent & l'entourent, comme il arrive à ce qu'on nomme *les Plaquières*, dans la Forêt de Fontainebleau.

L'étude des situations convenables à chaque espèce d'Arbre ou de Plante, fournira les moyens de meubler, à volonté & avec goût, les parties les plus rébelles à la Culture. Le Marceau remplacera le Hêtre & le Charme dans les lieux marécageux. Le Bouleau croîtra

F

sur des collines ingrates. Les pentes
les plus roides, du terrain le plus crayon-
neux & le plus stérile, seront promptement couvertes par le Magalet (1).

―――――――――

(1) Sorte de petit Cérisier connu dans le
commerce sous le nom de *Bois de Sainte-Lucie*.
C'est à M. de Malesherbes que je dois cette
observation. Il me fit voir chez lui à Malesherbes
en 1773, un petit massif de Magalet de cinq
à six ans, & prospérant fort-bien, sur une
pente aride, où jusque-là tout avoit péri. Il
avoit eu soin d'y planter l'année précédente
des Morelle-truffes ou Pommes-de-terre, sur
un labour bien fumé; puis de faire enterrer
tout le feuillage dans le défoncement, avant
de planter les jeunes Arbres.

Les diverses expériences que ce Magistrat
naturaliste se plaît à faire dans sa terre, sur
les Arbres rares abandonnés à eux-mêmes,
deviendront un jour fort utiles. Elles mon-
trent déja qu'en France, comme chez les anciens Romains, les occupations de la Campagne
sont le délassement des grandes ames; &

XII. Si le Maître d'un tel Jardin aime les Collections de Plantes; s'il confulte des Gens de goût, qui aient parcouru la terre avec un efprit d'examen, ou fi lui-même a voyagé; il pourra varier fes afpects & former, ici un Payfage d'Afie, là un d'Amérique; tantôt nous tranfporter en Norwège & tantôt nous rapprocher des Tropiques, autant qu'il peut être permis fous le quarante-neuvième degré de latitude. Mais foit que le Formateur emploie ces matériaux étrangers, ou qu'il s'en tienne à ceux qu'on trouve communément dans le pays; s'il fait ménager toute les convenances & varier en même-tems les afpects, s'il fait diriger les promenades & difpofer les Perfpec-

---

que les Hommes d'Etat portent fur tous les objets auxquels ils s'appliquent, des impreffions de leur génie.

F 2

tives dans un tel rapport, que celles-ci soient toujours belles aux heures & dans les Saisons, où les points de repos sont habitables; s'il a sû choisir d'abord un site avantageux, & ensuite profiter des points donnés par la Nature; ce bel accord fera du vaste enclos, dont il forme son Jardin, un lieu de délices, dont personne ne cherchera à sortir, pour aller jouir de la Nature, puisque nulle autre part elle n'auroit autant d'attraits.

A QUEL TERRAIN CONVIENT LA FORMATION LIBRE.

I. Mais, dira-t-on, pourquoi peindre ce lieu comme vaste? Si le Genre libre produit dans une grande étendue des effets si enchanteurs, il en sera de même, à proportion, dans un lieu plus resserré.... j'en doute fort. Il y deviendroit trop difficile de dissimuler que cette prétendue liberté de la Na-

ture , n'est qu'un ouvrage humain ;
une copie servile & défigurée ; ou pis
encore, l'effet du caprice.

En effet, ne sait-on pas que ce célèbre
Jardin de l'Empereur de la Chine, dont
la description a servi de guide pour la
formation de tous les autres, est un
enclos de plusieurs lieues ; & que s'il
est distribué en différens quartiers, chacun est encore prodigieusement étendu ? ne voyons-nous pas qu'en Europe,
les Jardins libres, chéris des Anglois,
contiennent plusieurs centaines d'arpens ? Pour s'en convaincre, il suffit de
jetter les yeux sur le Plan du Jardin
du Lord Cobham à *Stoue* (1), dont la

---

(1) *Stoue* rend assez bien la prononciation
du mot Anglois qui s'écrit *Stowe*. De même
le vrai nom de l'Auteur Anglois est *Whately*,
mais il se prononce à-peu-près *Houatelai*. On
trouvera une autre description de ce lieu dans

description, sert autant que les excellens principes de *M. Whateley*, à donner une vraie idée du Genre libre (1)?

---

les Lettres de Madame *du Boccage*, pag. 9, *Lettres sur l'Angleterre*.

(1) L'Ouvrage Anglois de *Sir Thomas Whately* a été publié en François en 1771. Le Traducteur nous instruit que son Auteur est le premier, qui ait traité par écrit, l'année précédente, l'*Art de Former les Jardins*, suivant la manière de *Kent* & de *Brown*, comme *Leblond* & *Dargenville* avoient en 1709, exposé les principes de notre *le Nostre*. Cet Ouvrage est suivi d'une Description détaillée & d'un Plan de *Stowe*.

Au reste, il ne faut pas confondre cette Traduction d'un Ouvrage didactique, profond, mais abstrait, avec l'agréable *Essai sur les Jardins*, que *M. Whatelet* de l'Académie Françoise & Amateur de l'Académie Royale de Peinture, vient de publier. Je n'ai connu cet écrit qu'après avoir eu terminé le mien. A la satisfaction de voir que je m'étois rencontré, en

II. A quoi donc songent ceux qui dans une étendue bornée à quelques arpens, d'un terrain égal, souvent même privé d'eau, entreprennent par des mouvemens de terre aussi coûteux qu'infructueux, même pour le coup-d'œil, d'élever des Montagnes & de creuser des Précipices : qui, formant un Lit de

---

plusieurs points, avec un homme dont le bon goût est connu, s'est joint d'abord la juste appréhension de ne présenter au Public, en imprimant mes *Considérations*, que des idées déja saisies, & liées par cet éloquent Ecrivain aux principes les plus solides & les fins de la Morale. Des amis m'ont rassuré, sur la différence de mon Plan ; & puisque M. Watelet s'est borné au titre modeste d'*Essai*, c'est à lui-même que j'adresse mes Considérations. Trop heureux si elles peuvent, entre ses mains, fournir quelques-uns des matériaux, que le Public lui verroit avec tant de plaisir employer, dans un Traité complet d'un Art, dont il a exposé les principes d'une manière si élégante.

F 4

glaife, à une Rivière entretenue d'eau
de puits, la font ferpenter à com-
mandement au milieu d'un terrain uni :
qui prétendent raffembler toutes les
Cultures que l'on trouve à la Campagne ; lorfqu'une Berge, honorée du
nom de Colline, eft plantée de deux
ou trois cens feps de Vigne ; qu'ailleurs,
un carré de Choux ou d'Artichaux fe
trouve à côté d'une petite pièce d'A-
voine, ou d'une Chenevière d'une ou
de deux perches : qui apportent, fur leur
Rivière, des Roches à travers lefquelles
l'eau forme une petite Cafcade, dans un
terrain fableux ou argilleux, où l'on
ne trouve nul autre fragment de cail-
loux : qui au milieu d'Iles faites à plai-
fir, conftruifent, dans l'une un pavillon
à la Turque ou Chinois, dans l'autre
un petit Temple, ou plutôt le modéle
d'un Temple Grec ; &, fuivant que la
fantaifie le leur infpire, font ici un Pont
de pierre & de brique, là un autre de

meulière brute , ailleurs un petit pont
de planche ; le tout ſi rapproché qu'il
s'apperçoit enſemble , ſans qu'on puiſſe
découvrir une ſeule raiſon qui ait dé-
terminé là ou là , ces diverſes conſtructions ; qui tracent enſuite , preſque à plat,
de petits chemins tortueux , tels que la
néceſſité de monter les fait pratiquer
ſur les lieux eſcarpés ; font , enfin ſabler
tous ces ſentiers , & les bordent de
Fleurs ou de lignes d'Arbuſtes.

Ne s'imagine-t-on pas voir exécuté
le ridicule projet du Parterre géogra-
phique , au moyen duquel le Jardin des
Thuileries ſe trouvoit converti en un
Plan de Paris.

III. Encore s'ils annonçoient cette
Formation , comme un modèle en petit , deſtiné à la promenade & aux exer-
cices de jeunes Enfans , on pourroit
prendre quelque plaiſir à parcourir des
yeux cette perſpective réduite , comme
on alloit au Roule voir le modèle

d'un très-grand Hôtel, dans le vestibule
duquel un homme avoit peine à se tenir debout : ou pour employer une
comparaison plus noble, ce seroit faire
en Formation de Jardins, ce que *François
Mansard* fit en Architecture, lorsque,
n'ayant pû donner au Val-de-Grace
les belles proportions qu'il avoit con-
çues, il exécuta en petit son premier projet dans la Chapelle de M. d'Aguesseau
à *Fréne*, où les Curieux vont encore
l'admirer.

Il est à croire qu'un pareil Jardin,
bien proportionné, auroit quelque mérite & quelque agrément, puisque, même les Plans en relief des Places fortes avec leurs environs, déposés dans
la grande Galerie du Louvre, sont toujours vus avec plaisir. Mais combien
une telle entreprise n'entraîne-t-elle pas
de sujétions ? Ce n'est pas assez d'éviter
le défaut, dans lequel tombent tous les
jours nos faiseurs de Montagnes, de

placer à leur pied, des Statues, qui quoique de très - petite nature , atteignent
au quart ou au cinquième des Cavaliers
qu'ils ont amoncelés. Quand on auroit
établi la proportion la mieux suivie,
sur une échelle de réduction, entre les
Collines , les Vallons, la Rivière & ses
détours , les Chemins, les Divisions des
terres & les Maisons ; combien d'Arbres & de Plantes , incapables d'être
réduites , se trouveroient bannies de
cette Formation enfantine.

On nous dit que les Chinois exécu-
tent souvent des portions de Jardins,
formées en réduction d'échelle progres-
sive , & en dégradation de couleurs,
de sorte que la perspective augmente
de beaucoup leur grandeur apparente.
Mais , ces parties ne sont apparemment
destinées qu'au plaisir de l'œil : la promenade doit s'y trouver entièrement
interdite.

Formation libre des petits enclos.

IV. Ne nous arrêtons donc pas plus long-tems à ces objets minutieux ; & voyons ce à quoi les loix de convenance réduisent la possibilité de suivre le Genre libre dans un lieu très-borné, en faveur de ceux, qui, peut-être autant par mode que par goût, voudroient absolument un Jardin à la Chinoise, dans un lieu cinq ou six cens fois moins grand que celui de l'Empereur de la Chine.

V. Je leur dirois encore, pour toute chose, comme au Formateur du Jardin le plus vaste, d'étudier la Nature ; non pas pour en suivre les indications, puisque nous le supposons dans un lieu qui n'indique rien, mais pour l'imiter fidèlement.

Si, dans leur position resserrée, ils peuvent par des Fossés, supprimer, dans

une partie de leur clôture, la vue des
limites étroites; sans doute il en faudra profiter : & l'Art de raccorder l'intérieur, avec ce qui exiſte au-dehors,
agrandira à l'œil la petite Poſſeſſion;
pourvu qu'ils aient l'adreſſe de diſpoſer
la promenade, de manière qu'on n'ap-
proche jamais aſſez du foſſé pour le
ſoupçonner, ou d'en cacher le bord
intérieur par divers objets : car s'il étoit
apperçu, il ſeroit dans le Genre naturel, très-peu préférable à une grille ou
même à un mur.

Il en ſera de même, ſi le lieu étant
placé au pied d'une Colline, ou au
contraire ſur une plaine haute; on peut
par-deſſus les murs de clôture, déro-
bés à l'œil par un fourré de brouſſail-
les, jouir d'une Vue éloignée. De telles
poſitions ſont toujours favorables à traiter, dans le Genre libre, comme dans
le Genre régulier.

Mais je ſuppoſe le lieu diſpoſé de ma-

nière qu'on y foit abfolument renfermé. Quelle reffource refte-t-il donc au
Formateur, qui veut y fuivre le Genre
naturel ? de choifir à fon gré dans la
Nature, un feul fite théatral borné,
& de l'imiter fidèlement. Qu'il fe déci-
de s'il veut infpirer l'horreur ou la
gaieté ; s'il veut peindre une entière
Solitude, un fragment de Cultures écar-
tées ; ou le voifinage d'un Lieu habité.

VI. La néceffité de cacher les clôtures nous fixe à choifir la Scène dans
une Forêt : mais il en exifte plus d'une,
dans lefquelles un Village fe trouve
renfermé. On pourra donc placer fur
un côté, des Chaumières & des Clôtures de Maifons de Payfans, qui fervant
de baffe-cour ne feront pas inutiles au
Maître. Un Clocher, fi l'on en veut un,
fera le Colombier.

Les autres côtés, entièrement occu-
pés par des Taillis & des Balivaux, of-
friront fur le devant l'image d'un Bois

clair, qui s'épaississant vers le fond, &
devenant impraticable par les Ronces
& les Epines, empêcheront qu'on ne
puisse approcher du mur de clôture.

Le centre découvert sera une Pélouse, destinée à la pâture des Chevaux du
Maître, de l'Ane du Jardinier, de quelques Vaches & des Volailles qu'on y
conduira. Le trou à fumier ne sera pas
oublié, au-devant d'une des Maisons
de Paysans : dans la partie la plus basse
on pratiquera au moins une Mare.

S'il se trouve une Fontaine, publi-
que ou autre, dont on puisse recueillir
l'eau, la scène deviendra différente. Il
ne faudra pas manquer d'en former un
Ruisseau, proportionné à la quantité
d'eau qu'on pourra lui fournir. Alors,
il faudra non-seulement lui creuser un
lit, mais disposer les pentes de manière
que le Ruisseau semble être dans le lieu
le plus bas des environs, plus bas sur-
tout que l'Habitation ; sans quoi il y

faudroit renoncer. On verra le Ruisseau
sortir d'une partie marécageuse du Bois:
il pourra se perdre de même ; ou plutôt disparoître sous une Arcade d'une
des Maisons du prétendu Village.

VI. Veut-on une Solitude ? ce sera
une de ces Clairières de Forêts, dans
lesquelles on trouve un petit Etang.
C'est-là qu'à force de soins on fera
croire n'en avoir pris aucun. Le terrain
rendu inégal, garni de bois dans quelques endroits ; dans d'autres, aride &
entre-coupé de roches, se trouvera
n'avoir que le Ciel pour fond.

Le Ruisseau tranquille, qui amène
l'eau dans l'Etang, sera peu ondulé,
par ce que, dans la Nature, les ondulations des Rivières sont toujours assez
éloignées, pour que dans l'espace de
trois à quatre cens toises, il ne se doive
trouver qu'un ou deux détours.

Un Chemin le borde & est supposé
la Route d'un Village à un autre ;
une

une Maison de Charbonnier termine un bout: de l'autre, la route s'arrête à la porte d'une clôture supposée, jettée en avant de quelques toises, & qu'on croit le commencement d'un beau Jardin, à cause de quelques Arbres taillés qu'on apperçoit derrière.

VIII. Aime-t-on mieux un Lieu champêtre ? Après s'être fait un fond, soit par un Bois taillis, soit par une Haie avancée, derrière laquelle quelques Arbres fruitiers font soupçonner un grand Verger ; des deux autres côtés, un mur de Terrasse en retour d'équerre ou en portion de cercle, bâti sur le terrain un peu en deçà des limites, supportera, non pas une Montagne, (il n'appartient pas à l'Homme d'en faire,) mais des terres disposées comme au pied d'une montagne.

Le bas de la Colline, tournée à la bonne exposition, sera plantée de Vignes. Sur le côté, quelques Noyers

varieront l'aſpect : enfin, le haut ſe trouvera fermé par un petit mur de clôture, derrière lequel de grands Arbres
très-ſerrés, & bien doublés de taillis,
pour empêcher qu'on ne voie le Ciel à
travers, ſembleront une portion de
quelque Bois clos. On n'aura point de re-
gret de n'y pouvoir entrer ; parce qu'on
le croira la poſſeſſion d'un voiſin ; &
que les Clôtures, hors deſquelles on ſe
trouve, ne font nullement l'effet en-
nuyeux de celles dans leſquelles on eſt
enfermé.

Conclusion.

I. Ainſi & de cent autres manières
pourroit ſe varier la Formation d'un
Jardin, dans le Genre libre, même
dans un lieu fort limité ; pourvu que,
pour garder la vraiſemblance, on ſe
borne dans chacun à un ſeul Site, à
une Scène unique. Il n'appartient, en
effet, de réunir tous les Styles, qu'au

Formateur qui eſt aſſez heureux, pour
travailler ſur un terrain vaſte & déja
préparé par la Nature ; qui peut exer-
cer ſon génie, ſur un de ces Baſſins
terreſtres diſpoſé phyſiquement pour
le cours d'une petite Rivière ; ſur un
lieu déja couvert d'Arbres de différens
âges & de diverſes eſpèces ; ſur un lieu,
où il n'a qu'à retrancher ce qui le gê-
ne & conſerver ce qui lui convient ;
au lieu de le former avec la lenteur
qu'exige la crue des Arbres, & que
le Cenſeur empreſſé n'apporte pas toujours dans ſes Critiques ; car la prévoyance de ce que doivent devenir les
Arbres, dans leur moyen âge, eſt une
condition indiſpenſable pour la réuſſite
d'une Formation.

II. Je le répète donc, en terminant
ces Conſidérations : le Genre libre,
bien préférable au Genre régulier, dans
les grandes étendues, doit à ſon tour
lui céder, ſans difficulté, la Formation

du voisinage des Habitations, & de tous les lieux où l'opération Humaine est reconnue. Mais ce Genre libre, pour être naturel, est assujetti à beaucoup de convenances; & demande pour parvenir à son but, qui est également de plaire, au moins autant de méditations que le Genre régulier.

III. Enfin, si aux loix dictées par le bon Goût, nous joignons les vues plus nobles de l'Intérêt général de l'Humanité; nous verrons le Genre régulier plus favorable à la Culture, dans les petits objets; & le Genre libre beaucoup moins dispendieux dans les grands, lorsqu'il se conforme aux dispositions de la Nature. Mais nous verrons aussi que ces immenses Parcs réguliers, s'ils ne sont destinés au *Spaciement* d'une Ville entière, sont un vol fait par l'orgueil des riches sur le Territoire commun; & que les dépenses exigées par une mode capricieuse, pour défigurer les Travaux économiques de nos Ancêtres, font un autre vol fait à la poſtérité, des Avances foncières aux-quelles ces richeſſes euſſent pu être employées.

F I N.

A P P R O B A T I O N.

J'AI lu, par ordre de Monſeigneur le Garde des Sceaux, un Manuſcrit qui a pour titre : *Sur la Formation des Jardins ;* je n'y ai rien trouvé qui puiſſe en empêcher l'impreſſion. A Paris, ce premier Février 1775.

PIDANSAT DE MAIROBERT.

De l'Imprimerie de CLOUSIER, rue Saint-Jacques, 1775.

TABLE
DES SOMMAIRES.

CONDITIONS DES FORMATIONS LIBRES.

Fin de la Table.

www.ingramcontent.com/pod-product-compliance
Lightning Source LLC
LaVergne TN
LVHW021746060726
842528LV00003B/812